Contents

2021/7–2022/12

PERSONAL DATA

聯絡資訊

姓名/name

手機 /mobile phone

電子信箱 /e-mail

地址 /address

LINE /LINE ID

* 這本日誌對我很重要！若有拾獲煩請聯絡以上資料，非常感謝您！

TWININGS
OF LONDON
TWININGS
OF LONDON
Delicious

2021

1

一	二	三	四	五	六	日
				1	2	3
4	5	6	7	8	9	10
11	12	13	14	15	16	17
18	19	20	21	22	23	24
25	26	27	28	29	30	31

2

一	二	三	四	五	六	日
1	2	3	4	5	6	7
8	9	10	11	12	13	14
15	16	17	18	19	20	21
22	23	24	25	26	27	28

3

一	二	三	四	五	六	日
1	2	3	4	5	6	7
8	9	10	11	12	13	14
15	16	17	18	19	20	21
22	23	24	25	26	27	28
29	30	31				

4

一	二	三	四	五	六	日
			1	2	3	4
5	6	7	8	9	10	11
12	13	14	15	16	17	18
19	20	21	22	23	24	25
26	27	28	29	30		

5

一	二	三	四	五	六	日
					1	2
3	4	5	6	7	8	9
10	11	12	13	14	15	16
17	18	19	20	21	22	23
24	25	26	27	28	29	30
31						

6

一	二	三	四	五	六	日
	1	2	3	4	5	6
7	8	9	10	11	12	13
14	15	16	17	18	19	20
21	22	23	24	25	26	27
28	29	30				

7

一	二	三	四	五	六	日
			1	2	3	4
5	6	7	8	9	10	11
12	13	14	15	16	17	18
19	20	21	22	23	24	25
26	27	28	29	30	31	

8

一	二	三	四	五	六	日
						1
2	3	4	5	6	7	8
9	10	11	12	13	14	15
16	17	18	19	20	21	22
23	24	25	26	27	28	29
30	31					

9

一	二	三	四	五	六	日
		1	2	3	4	5
6	7	8	9	10	11	12
13	14	15	16	17	18	19
20	21	22	23	24	25	26
27	28	29	30			

10

一	二	三	四	五	六	日
				1	2	3
4	5	6	7	8	9	10
11	12	13	14	15	16	17
18	19	20	21	22	23	24
25	26	27	28	29	30	31

11

一	二	三	四	五	六	日
1	2	3	4	5	6	7
8	9	10	11	12	13	14
15	16	17	18	19	20	21
22	23	24	25	26	27	28
29	30					

12

一	二	三	四	五	六	日
		1	2	3	4	5
6	7	8	9	10	11	12
13	14	15	16	17	18	19
20	21	22	23	24	25	26
27	28	29	30	31		

2022

1

一	二	三	四	五	六	日
					1	2
3	4	5	6	7	8	9
10	11	12	13	14	15	16
17	18	19	20	21	22	23
24	25	26	27	28	29	30
31						

2

一	二	三	四	五	六	日
	1	2	3	4	5	6
7	8	9	10	11	12	13
14	15	16	17	18	19	20
21	22	23	24	25	26	27
28						

3

一	二	三	四	五	六	日
	1	2	3	4	5	6
7	8	9	10	11	12	13
14	15	16	17	18	19	20
21	22	23	24	25	26	27
28	29	30	31			

4

一	二	三	四	五	六	日
				1	2	3
4	5	6	7	8	9	10
11	12	13	14	15	16	17
18	19	20	21	22	23	24
25	26	27	28	29	30	

5

一	二	三	四	五	六	日
						1
2	3	4	5	6	7	8
9	10	11	12	13	14	15
16	17	18	19	20	21	22
23	24	25	26	27	28	29
30	31					

6

一	二	三	四	五	六	日
		1	2	3	4	5
6	7	8	9	10	11	12
13	14	15	16	17	18	19
20	21	22	23	24	25	26
27	28	29	30			

7

一	二	三	四	五	六	日
				1	2	3
4	5	6	7	8	9	10
11	12	13	14	15	16	17
18	19	20	21	22	23	24
25	26	27	28	29	30	31

8

一	二	三	四	五	六	日
1	2	3	4	5	6	7
8	9	10	11	12	13	14
15	16	17	18	19	20	21
22	23	24	25	26	27	28
29	30	31				

9

一	二	三	四	五	六	日
			1	2	3	4
5	6	7	8	9	10	11
12	13	14	15	16	17	18
19	20	21	22	23	24	25
26	27	28	29	30		

10

一	二	三	四	五	六	日
					1	2
3	4	5	6	7	8	9
10	11	12	13	14	15	16
17	18	19	20	21	22	23
24	25	26	27	28	29	30
31						

11

一	二	三	四	五	六	日
	1	2	3	4	5	6
7	8	9	10	11	12	13
14	15	16	17	18	19	20
21	22	23	24	25	26	27
28	29	30				

12

一	二	三	四	五	六	日
			1	2	3	4
5	6	7	8	9	10	11
12	13	14	15	16	17	18
19	20	21	22	23	24	25
26	27	28	29	30	31	

7
JULY
2021

MON 一	TUE 二	WED 三
5 農5.26	6 農5.27	7 農5.28 小暑
12 農6.3	13 農6.4	14 農6.5
19 農6.10	20 農6.11	21 農6.12
26 農6.17	27 農6.18	28 農6.19

Memo

THU 四	FRI 五	SAT 六	SUN 日
1 農 5.22	2 農 5.23	3 農 5.24	4 農 5.25
8 農 5.29	9 農 5.30	10 農 6.1	11 農 6.2
15 農 6.6	16 農 6.7	17 農 6.8	18 農 6.9
22 農 6.13 大暑	23 農 6.14	24 農 6.15	25 農 6.16
29 農 6.20	30 農 6.21	31 農 6.22	

8
AUGUST
2021

MON 一	TUE 二	WED 三
2 農 6.24	3 農 6.25	4 農 6.26
9 農 7.2	10 農 7.3	11 農 7.4
16 農 7.9	17 農 7.10	18 農 7.11
23 農 7.16 處暑 / 30 農 7.23	24 農 7.17 / 31 農 7.24	25 農 7.18

Memo

THU 四	FRI 五	SAT 六	SUN 日
			1 農 6.23
5 農 6.27	6 農 6.28	7 農 6.29 立秋	8 農 7.1 父親節 鬼門開
12 農 7.5	13 農 7.6 黑色星期五	14 農 7.7 七夕情人節	15 農 7.8
19 農 7.12	20 農 7.13	21 農 7.14	22 農 7.15 中元節
26 農 7.19	27 農 7.20	28 農 7.21	29 農 7.22

9
SEPTEMBER
2021

MON 一	TUE 二	WED 三
		1 農 7.25
6 農 7.30 鬼門關	7 8.1 白露	8 農 8.2
13 農 8.7	14 農 8.8	15 農 8.9
20 農 8.14	21 農 8.15 中秋節	22 農 8.16
27 農 8.21	28 農 8.22 教師節	29 農 8.23

Memo

THU 四	FRI 五	SAT 六	SUN 日
2 農 7.26	3 農 7.27	4 農 7.28	5 農 7.29
9 農 8.3	10 農 8.4	11 農 8.5	12 農 8.6
16 農 8.10	17 農 8.11	18 農 8.12	19 農 8.13
23 農 8.17 秋分	24 農 8.18	25 農 8.19	26 農 8.20
30 農 8.24			

10
OCTOBER
2021

MON 一	TUE 二	WED 三
4 農 8.28	5 農 8.29	6 農 9.1
11 農 9.6	12 農 9.7	13 農 9.8
18 農 9.13	19 農 9.14	20 農 9.15
25 農 9.20	26 農 9.21	27 農 9.22

Memo

THU 四	FRI 五	SAT 六	SUN 日
	1 農 8.25	2 農 8.26	3 農 8.27
7 農 9.2	8 農 9.3 寒露	9 農 9.4	10 農 9.5 國慶日 / 雙十節
14 農 9.9 重陽節	15 農 9.10	16 農 9.11	17 農 9.12
21 農 9.16	22 農 9.17	23 農 9.18 霜降	24 農 9.19
28 農 9.23	29 農 9.24	30 農 9.25	31 農 9.26

11
NOVEMBER
2021

MON 一	TUE 二	WED 三
1 農 9.27	2 農 9.28	3 農 9.29
8 農 10.4	9 農 10.5	10 農 10.6
15 農 10.11	16 農 10.12	17 農 10.13
22 農 10.18 小雪	23 農 10.19	24 農 10.20
29 農 10.25	30 農 10.26	

Memo

THU 四	FRI 五	SAT 六	SUN 日
4 農 9.30	5 農 10.1	6 農 10.2	7 農 10.3 立冬
11 農 10.7	12 農 10.8	13 農 10.9	14 農 10.10
18 農 10.14	19 農 10.15	20 農 10.16	21 農 10.17
25 農 10.21 感恩節	26 農 10.22	27 農 10.23	28 農 10.24

12

DECEMBER

2021

MON 一	TUE 二	WED 三
		1 農 10.27
6 農 11.3	7 農 11.4 大雪	8 農 11.5
13 農 11.10	14 農 11.11	15 農 11.12
20 農 11.17	21 農 11.18 冬至	22 農 11.19
27 農 11.24	28 農 11.25	29 農 11.26

Memo

THU 四	FRI 五	SAT 六	SUN 日
2 農 10.28	3 農 10.29	4 農 11.1	5 農 11.2
9 農 11.6	10 農 11.7	11 農 11.8	12 農 11.9
16 農 11.13	17 農 11.14	18 農 11.15	19 農 11.16
23 農 11.20	24 農 11.21	25 農 11.22 聖誕節	26 農 11.23
30 農 11.27	31 農 11.28		

1

JANUARY
2022

MON 一	TUE 二	WED 三
3 農 12.1	4 農 12.2	5 農 12.3 小寒
10 農 12.8	11 農 12.9	12 農 12.10
17 農 12.15	18 農 12.16	19 農 12.17
24 農 12.22 / 31 農 12.29 除夕	25 農 12.23	26 農 12.24

Memo

THU 四	FRI 五	SAT 六	SUN 日
		1 農 11.29 元旦	2 農 11.30
6 農 12.4	7 農 12.5	8 農 12.6	9 農 12.7
13 農 12.11	14 農 12.12	15 農 12.13	16 農 12.14
20 農 12.18 大寒	21 農 12.19	22 農 12.20	23 農 12.21
27 農 12.25	28 農 12.26	29 農 12.27	30 農 12.28

2

FEBRUARY
2022

MON 一	TUE 二	WED 三
	1 農 1.1 春節	2 農 1.2 初二
7 農 1.7	8 農 1.8	9 農 1.9 天公生
14 農 1.14 西洋情人節	15 農 1.15 元宵節	16 農 1.16
21 農 1.21	22 農 1.22	23 農 1.23
28 農 1.28 和平紀念日		

Memo

THU 四	FRI 五	SAT 六	SUN 日
3 農 1.3 初三	4 農 1.4 立春 農民節	5 農 1.5 初五	6 農 1.6 初六
10 農 1.10	11 農 1.11	12 農 1.12	13 農 1.13
17 農 1.17	18 農 1.18	19 農 1.19 雨水	20 農 1.20 全國客家日
24 農 1.24	25 農 1.25	26 農 1.26	27 農 1.27

3
MARCH
2022

MON 一	TUE 二	WED 三
	1 農 1.29	2 農 1.30
7 農 2.5	8 農 2.6 婦女節	9 農 2.7
14 農 2.12 白色情人節	15 農 2.13	16 農 2.14
21 農 2.19	22 農 2.20	23 農 2.21
28 農 2.26	29 農 2.27 青年節	30 農 2.28

Memo

THU 四	FRI 五	SAT 六	SUN 日
3 農 2.1	4 農 2.2	5 農 2.3 驚蟄	6 農 2.4
10 農 2.8	11 農 2.9	12 農 2.10 植樹節	13 農 2.11
17 農 2.15	18 農 2.16	19 農 2.17	20 農 2.18 春分
24 農 2.22	25 農 2.23	26 農 2.24	27 農 2.25
31 農 2.29			

4

APRIL
2022

MON 一	TUE 二	WED 三
4 農 3.4 兒童節	5 農 3.5 清明 民族掃墓節	6 農 3.6
11 農 3.11	12 農 3.12	13 農 3.13
18 農 3.18 復活節	19 農 3.19	20 農 3.20 穀雨
25 農 3.25	26 農 3.26	27 農 3.27

Memo

THU 四	FRI 五	SAT 六	SUN 日
	1 農 3.1	2 農 3.2	3 農 3.3
7 農 3.7	8 農 3.8	9 農 3.9	10 農 3.10
14 農 3.14	15 農 3.15	16 農 3.16	17 農 3.17
21 農 3.21	22 農 3.22 世界地球日	23 農 3.23 媽祖生	24 農 3.24
28 農 3.28	29 農 3.29	30 農 3.30	

5
MAY
2022

MON 一	TUE 二	WED 三
2 農 4.2	3 農 4.3	4 農 4.4
9 農 4.9	10 農 4.10	11 農 4.11
16 農 4.16	17 農 4.17	18 農 4.18
23 農 4.23 / 30 農 5.1	24 農 4.24 / 31 農 5.2	25 農 4.25

Memo

THU 四	FRI 五	SAT 六	SUN 日
			1 農 4.1 勞動節
5 農 4.5 立夏	6 農 4.6	7 農 4.7	8 農 4.8 母親節 佛誕日 / 浴佛節
12 農 4.12 國際護士節	13 農 4.13	14 農 4.14	15 農 4.15
19 農 4.19	20 農 4.20	21 農 4.21 小滿	22 農 4.22
26 農 4.26	27 農 4.27	28 農 4.28	29 農 4.29

6
JUNE
2022

MON 一	TUE 二	WED 三
		1 農 5.3
6 農 5.8 芒種	7 農 5.9	8 農 5.10
13 農 5.15	14 農 5.16	15 農 5.17
20 農 5.22	21 農 5.23 夏至	22 農 5.24
27 農 5.29	28 農 5.30	29 農 6.1

Memo

THU 四	FRI 五	SAT 六	SUN 日
2 農 5.4	3 農 5.5 端午節	4 農 5.6	5 農 5.7
9 農 5.11	10 農 5.12	11 農 5.13	12 農 5.14
16 農 5.18	17 農 5.19	18 農 5.20	19 農 5.21
23 農 5.25	24 農 5.26	25 農 5.27	26 農 5.28
30 農 6.2			

7

JULY
2022

MON 一	TUE 二	WED 三
4 農 6.6	5 農 6.7	6 農 6.8
11 農 6.13	12 農 6.14	13 農 6.15
18 農 6.20	19 農 6.21	20 農 6.22
25 農 6.27	26 農 6.28	27 農 6.29

Memo

THU 四	FRI 五	SAT 六	SUN 日
	1 農 6.3	2 農 6.4	3 農 6.5
7 農 6.9 小暑	8 農 6.10	9 農 6.11	10 農 6.12
14 農 6.16	15 農 6.17 解嚴紀念日	16 農 6.18	17 農 6.19
21 農 6.23	22 農 6.24	23 農 6.25 大暑	24 農 6.26
28 農 6.30	29 農 7.1 鬼門開	30 農 7.2	31 農 7.3

8
AUGUST
2022

MON 一	TUE 二	WED 三
1 農7.4	2 農7.5	3 農7.6
8 農7.11 父親節	9 農7.12	10 農7.13
15 農7.18	16 農7.19	17 農7.20
22 農7.25	23 農7.26 處暑	24 農7.27
29 農8.3	30 農8.4	31 農8.5

Memo

THU 四	FRI 五	SAT 六	SUN 日
4 農 7.7 七夕情人節	5 農 7.8	6 農 7.9	7 農 7.10 立秋
11 農 7.14	12 農 7.15 中元節	13 農 7.16	14 農 7.17 空軍節
18 農 7.21	19 農 7.22	20 農 7.23	21 農 7.24
25 農 7.28 祖父母節	26 農 7.29 鬼門關	27 農 8.1	28 農 8.2

9
SEPTEMBER
2022

MON 一	TUE 二	WED 三
5 農 8.10	6 農 8.11	7 農 8.12 白露
12 農 8.17	13 農 8.18	14 農 8.19
19 農 8.24	20 農 8.25	21 農 8.26
26 農 9.1	27 農 9.2	28 農 9.3 教師節

Memo

THU 四	FRI 五	SAT 六	SUN 日
1 農 8.6	2 農 8.7	3 農 8.8 軍人節	4 農 8.9
8 農 8.13	9 農 8.14	10 農 8.15 中秋節	11 農 8.16
15 農 8.20	16 農 8.21	17 農 8.22	18 農 8.23
22 農 8.27	23 農 8.28 秋分	24 農 8.29	25 農 8.30
29 農 9.4	30 農 9.5		

10

OCTOBER
2022

MON 一	TUE 二	WED 三
3 農 9.8	4 農 9.9 重陽節	5 農 9.10
10 農 9.15 國慶日 / 雙十節	11 農 9.16	12 農 9.17
17 農 9.22	18 農 9.23	19 農 9.24
24 農 9.29 臺灣聯合國日 / 31 農 10.7 萬聖節	25 農 10.1 臺灣光復節	26 農 10.2

Memo

THU 四	FRI 五	SAT 六	SUN 日
		1 農 9.6	2 農 9.7
6 農 9.11	7 農 9.12	8 農 9.13 寒露	9 農 9.14
13 農 9.18	14 農 9.19	15 農 9.20	16 農 9.21
20 農 9.25	21 農 9.26	22 農 9.27	23 農 9.28 霜降
27 農 10.3	28 農 10.4	29 農 10.5	30 農 10.6

11
NOVEMBER
2022

MON 一	TUE 二	WED 三
	1 農 10.8	2 農 10.9
7 農 10.14 立冬	8 農 10.15	9 農 10.16
14 農 10.21	15 農 10.22	16 農 10.23
21 農 10.28	22 農 10.29 小雪	23 農 10.30
28 農 11.5	29 農 11.6	30 農 11.7

Memo

THU 四	FRI 五	SAT 六	SUN 日
3 農 10.10	4 農 10.11	5 農 10.12	6 農 10.13
10 農 10.17	11 農 10.18	12 農 10.19 國父誕辰	13 農 10.20
17 農 10.24	18 農 10.25	19 農 10.26	20 農 10.27
24 農 11.1 感恩節	25 農 11.2	26 農 11.3	27 農 11.4

12
DECEMBER
2022

MON 一	TUE 二	WED 三
5 農 11.12	6 農 11.13	7 農 11.14 大雪
12 農 11.19	13 農 11.20	14 農 11.21
19 農 11.26	20 農 11.27	21 農 11.28
26 農 12.4	27 農 12.5	28 農 12.6

Memo

THU 四	FRI 五	SAT 六	SUN 日
1 農 11.8	2 農 11.9	3 農 11.10	4 農 11.11
8 農 11.15	9 農 11.16	10 農 11.17	11 農 11.18
15 農 11.22	16 農 11.23	17 農 11.24	18 農 11.25
22 農 11.29 冬至	23 農 12.1	24 農 12.2	25 農 12.3 行憲紀念日 / 聖誕節
29 農 12.7	30 農 12.8	31 農 12.9	

產品名稱：

MEMO

項目	食材名稱	公克	作法及步驟

溫度 / 時間

數量　成本　售價

備忘紀錄：

BAKING NOTE

產品名稱：

MEMO

項目	食材名稱	公克	作法及步驟

溫度／時間

數量　成本　售價

備忘紀錄：

BAKING NOTE

產品名稱：

MEMO

項目	食材名稱	公克	作法及步驟

溫度／時間

數量

成本

售價

備忘紀錄：

BAKING NOTE

產品名稱：

MEMO

項目	食材名稱	公克	作法及步驟

溫度／時間

數量　成本　售價

備忘紀錄：

BAKING NOTE

產品名稱：

MEMO

項目	食材名稱	公克	作法及步驟

溫度／時間

數量　成本　售價

備忘紀錄：

BAKING NOTE

產品名稱：

MEMO

項目	食材名稱	公克	作法及步驟

溫度／時間

數量　成本　售價

備忘紀錄：

BAKING NOTE

產品名稱：

MEMO

項目	食材名稱	公克	作法及步驟

溫度／時間

數量 成本 售價

備忘紀錄：

BAKING NOTE

產品名稱：

MEMO

項目	食材名稱	公克	作法及步驟

溫度／時間

數量　成本　售價

備忘紀錄：

BAKING NOTE

產品名稱：

MEMO

項目	食材名稱	公克	作法及步驟

溫度／時間

數量　成本　售價

備忘紀錄：

BAKING NOTE

產品名稱：

MEMO

項目	食材名稱	公克	作法及步驟

溫度／時間

數量 成本 售價

備忘紀錄：

BAKING NOTE

產品名稱：

MEMO

項目	食材名稱	公克	作法及步驟

溫度／時間

數量　成本　售價

備忘紀錄：

BAKING NOTE

產品名稱：

MEMO

項目	食材名稱	公克	作法及步驟

溫度／時間

數量　成本　售價

備忘紀錄：

BAKING NOTE

產品名稱：

MEMO

項目	食材名稱	公克	作法及步驟

溫度／時間 數量 成本 售價

備忘紀錄：

BAKING NOTE

產品名稱：

MEMO

項目	食材名稱	公克	作法及步驟

溫度／時間

數量　成本　售價

備忘紀錄：

BAKING NOTE

產品名稱：

MEMO

項目	食材名稱	公克	作法及步驟

溫度／時間

數量　成本　售價

備忘紀錄：

BAKING NOTE

產品名稱：

MEMO

項目	食材名稱	公克	作法及步驟

溫度／時間

數量 成本 售價

備忘紀錄：

BAKING NOTE

產品名稱：

MEMO

項目	食材名稱	公克	作法及步驟

溫度／時間

數量 成本 售價

備忘紀錄：

BAKING NOTE

產品名稱：

MEMO

項目	食材名稱	公克	作法及步驟

溫度／時間

數量　成本　售價

備忘紀錄：

BAKING NOTE

產品名稱：

MEMO

項目	食材名稱	公克	作法及步驟

溫度／時間

數量　成本　售價

備忘紀錄：

BAKING NOTE

產品名稱：

MEMO

項目	食材名稱	公克	作法及步驟

溫度／時間

數量　成本　售價

備忘紀錄：

BAKING NOTE

產品名稱：

MEMO

項目	食材名稱	公克	作法及步驟

溫度／時間

數量　成本　售價

備忘紀錄：

BAKING NOTE
FOR YOU

產品名稱：

MEMO

項目	食材名稱	公克	作法及步驟

溫度／時間

數量　成本　售價

備忘紀錄：

BAKING NOTE
FOR YOU

產品名稱：

MEMO

項目	食材名稱	公克	作法及步驟

溫度／時間

數量　成本　售價

備忘紀錄：

BAKING NOTE
FOR YOU

產品名稱：

MEMO

項目	食材名稱	公克	作法及步驟

溫度／時間

數量　成本　售價

備忘紀錄：

BAKING NOTE
FOR YOU

產品名稱：

MEMO

項目	食材名稱	公克	作法及步驟

溫度／時間

數量　成本　售價

備忘紀錄：

BAKING NOTE
FOR
YOU

產品名稱：

MEMO

項目	食材名稱	公克	作法及步驟

溫度／時間

數量　成本　售價

備忘紀錄：

BAKING NOTE
FOR YOU

產品名稱：

MEMO

項目	食材名稱	公克	作法及步驟

溫度／時間

數量　成本　售價

備忘紀錄：

BAKING NOTE
FOR YOU

產品名稱：

MEMO

項目	食材名稱	公克	作法及步驟

溫度／時間

數量　成本　售價

備忘紀錄：

BAKING NOTE
FOR YOU

產品名稱：

MEMO

項目	食材名稱	公克	作法及步驟

溫度／時間

數量　成本　售價

備忘紀錄：

BAKING NOTE
FOR YOU

產品名稱：

MEMO

項目	食材名稱	公克	作法及步驟

溫度／時間

數量　成本　售價

備忘紀錄：

BAKING NOTE
FOR YOU

產品名稱：

MEMO

項目	食材名稱	公克	作法及步驟

溫度／時間

數量　成本　售價

備忘紀錄：

BAKING NOTE
FOR YOU

產品名稱：

MEMO

項目	食材名稱	公克	作法及步驟

溫度／時間

數量　成本　售價

備忘紀錄：

BAKING NOTE
FOR YOU

產品名稱：

MEMO

項目	食材名稱	公克	作法及步驟

溫度／時間

數量　成本　售價

備忘紀錄：

BAKING NOTE
FOR YOU

產品名稱：

MEMO

項目	食材名稱	公克	作法及步驟

溫度／時間

數量　成本　售價

備忘紀錄：

BAKING NOTE
FOR YOU

產品名稱：

MEMO

項目	食材名稱	公克	作法及步驟

溫度／時間

數量　成本　售價

備忘紀錄：

BAKING NOTE
FOR YOU

產品名稱：

MEMO

項目	食材名稱	公克	作法及步驟

溫度／時間

數量　成本　售價

備忘紀錄：

BAKING NOTE
FOR
YOU

產品名稱：

MEMO

項目	食材名稱	公克	作法及步驟

溫度／時間

數量　成本　售價

備忘紀錄：

BAKING NOTE
FOR YOU

產品名稱：

MEMO

項目	食材名稱	公克	作法及步驟

溫度／時間

數量　成本　售價

備忘紀錄：

BAKING NOTE
FOR
YOU

產品名稱：

MEMO

項目	食材名稱	公克	作法及步驟

溫度／時間

數量　成本　售價

備忘紀錄：

BAKING NOTE
FOR YOU

產品名稱：

MEMO

項目	食材名稱	公克	作法及步驟

溫度／時間

數量　成本　售價

備忘紀錄：

BAKING NOTE
FOR YOU

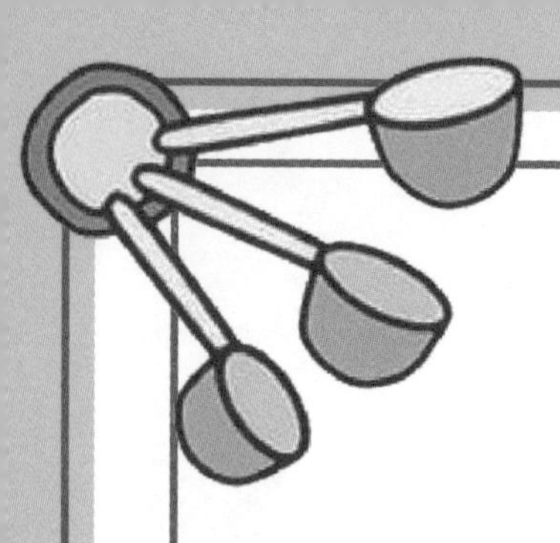

重量／蛋糕 尺寸換算

重量單位換算：

1 公斤	1000 公克		
1 台斤	600 公克	16 兩	
1 兩	37.5 公克		
1 磅	454 公克	16 盎司	1 品脫
1 盎司	30 公克		

模具蛋糕尺寸換算：

尺寸	4 吋	6 吋	8 吋	10 吋
直徑	10.16 公分	15.24 公分	20.32 公分	25.4 公分
適用人數	2~3 人	4~6 人	5~8 人	9~12 人
備註	1 英吋 =2.54 公分			

關於麵糊比重

一般所說的濕性發泡、乾性發泡或是幾分發，都是大略的描述麵糊打入空氣量的多寡。

比重杯的功能簡單來說，就是在測試麵糊目前打發的狀態～「打的越發、打入的空氣愈多、測量出的比重就越小」。

而計算比重，在於能夠讓麵糊打發狀況有所依循標準，精準掌控麵糊比重，就能大幅提升烘焙品質。當每一次製作的麵糊比重維持一致時，做出來的蛋糕組織與口感也會達到一樣的品質狀態。

★ 麵糊比重的計算方法＝麵糊重量 ÷ 水的重量

《麵糊比重試算範例》

測量比重，首先需先測量欲用來量測比重的容器，扣除本體重量後，秤出裝滿水的重量數值。

一、使用《AHA 麵糊比重杯》量測：秤得裝滿水的重量為 100g：

* 比重杯放置磅秤扣重後，將打發的麵糊裝滿比重杯刮平秤重，如秤得重量 32g

→則此麵糊比重為 32÷100=0.32

二、使用《一般容器》量測：若秤得裝滿水的重量為 150g：

* 量測容器放置磅秤扣重後，將打發的麵糊裝滿容器刮平秤重，如秤得重量 56g

→則此麵糊比重為 56÷150=0.37

不同種類蛋糕的比重參考：

蛋糕種類	比重值
奶油蛋糕 (磅蛋糕)	0.85-0.90
天使蛋糕	0.3-0.38
海綿蛋糕	0.46
戚風蛋糕	0.38-0.42
瑪德蓮	0.8

蛋糕方模尺寸換算表

更換尺寸 / 原尺寸	6 吋	7 吋	8 吋	9 吋	10 吋	11 吋	12 吋
6 吋	1.00	1.40	1.80	2.30	2.80	2.40	4.00
7 吋	0.70	1.00	1.30	1.70	2.00	2.50	2.90
8 吋	0.60	0.80	1.00	1.30	1.60	1.90	2.30
9 吋	0.40	0.60	0.80	1.00	1.20	1.50	1.80
10 吋	0.40	0.50	0.60	0.80	1.00	1.20	1.40
11 吋	0.30	0.40	0.50	0.70	0.80	1.00	1.20
12 吋	0.30	0.30	0.40	0.60	0.70	0.80	1.00

Memo

蛋糕圓模 尺寸換算表

更換尺寸 / 原尺寸	6 吋	7 吋	8 吋	9 吋	10 吋	11 吋	12 吋
6 吋	1.00	1.36	1.78	2.25	2.78	3.36	4.00
7 吋	0.74	1.00	1.31	1.63	2.04	2.50	2.94
8 吋	0.56	0.77	1.00	1.27	1.56	1.89	2.25
9 吋	0.44	0.60	0.79	1.00	1.24	1.49	1.78
10 吋	0.36	0.49	0.64	0.81	1.00	1.21	1.44
11 吋	0.30	0.41	0.53	0.67	0.83	1.00	1.19
12 吋	0.25	0.34	0.44	0.56	0.69	0.84	1.00

使用說明：

❶ 原尺寸：原本的配方模具尺寸
更換尺寸：想製作的配方模具尺寸

❷ 表格內的數字，代表配方材料需換算的倍數

烘焙人專屬

烘焙日誌

2022 BAKING NOTE

作　　者　謝岳恩

總 編 輯　薛永年

美術總監　馬慧琪

文字編輯　蔡欣容

攝　　影　王隼人

出 版 者　優品文化事業有限公司
電話：(02)8521-2523
傳真：(02)8521-6206
Email：8521service@gmail.com
（如有任何疑問請聯絡此信箱洽詢）
網站：www.8521book.com.tw

印　　刷　鴻嘉彩藝印刷股份有限公司

業務副總　林啟瑞 0988-558-575

總 經 銷　大和書報圖書股份有限公司
新北市新莊區五工五路 2 號
電話：(02)8990-2588
傳真：(02)2299-7900

網路書店　www.books.com.tw 博客來網路書店

出版日期　2021 年 6 月

版　　次　一版一刷

定　　價　150 元

上優好書網

LINE
官方帳號

Facebook
粉絲專頁

YouTube
頻道